AF404094

FORMATION

DE

L'ENTREPOT GÉNÉRAL

DU

COMMERCE DE LA VILLE DE PARIS,

D'APRÈS LA LOI DU 27 FÉVRIER 1832;

Par A. S. M. Bonneville,

Manufacturier de produits chimiques.

A PARIS,

Chez { L'AUTEUR, rue Montgallet, n° 18, faubourg Saint-Antoine ;
RENARD, Librairie du Commerce, rue Sainte-Anne, n° 71 ;
BARBA, Libraire, au Palais-Royal ;

—

1832.

SOMMAIRE.

AU COMMERCE

DE LA VILLE DE PARIS.

Heureux l'homme qui peut dire :

J'ai fait quelque chose d'utile pour mes Concitoyens.

Bonneville,

Manufacturier de Produits Chimiques.

Paris, le 22 Octobre 1832.

FORMATION

DE L'ENTREPOT GÉNÉRAL

DU COMMERCE DE LA VILLE DE PARIS,

D'APRÈS LA LOI DU 27 FÉVRIER 1832.

PREMIÈRE PARTIE.

Considérations sur les localités proposées par diverses Compagnies pour former
l'Entrepôt général du Commerce de la ville de Paris.

L'Administration municipale de la ville de Paris et le Commerce
de la capitale, après plusieurs années d'instances, de discussions
approfondies, d'intérêts sociaux débattus chaleureusement, auront obtenu du Gouvernement et des Législateurs le droit d'établir un Entrepôt général de marchandises françaises, étrangères
et exotiques, soit pour la consommation des habitans de la capitale, soit pour accorder à de nouveaux spéculateurs la faculté de
reproduire sur d'autres points de la France et de l'étranger ces
mêmes marchandises, déposées conditionnellement à l'Entrepôt
général du commerce de Paris.

Voilà donc d'immenses élémens de spéculation offerts aux pro-
ducteurs et à l'industrie de toutes les classes; voilà donc des
sources vivifiantes de crédit et de prospérité nouvelles créées
pour le Commerce de la ville de Paris. Bientôt le négociant, le
manufacturier, le capitaliste, le banquier, pourront s'acheminer
près de ce centre de richesses, de ce centre de choses si utiles et
si précieuses à l'existence de l'homme, pour donner plus d'étendue

(8).

au cercle des connaissances qu'ils possèdent, former de nouvelles
conceptions, apporter des améliorations dans l'ensemble de leurs
affaires, plus de célérité et de précision dans leurs relations. Là
aussi il sera peut-être permis à l'homme qui sait satisfaire ses
goûts et ses habitudes avec peu de chose, de reconnaître combien a été libérale et puissante la main de la nature, en dotant la
terre de ces précieuses récoltes. Mais combien cet homme philo-
sophe n'aura-t-il pas à gémir s'il rappelle à sa mémoire les peines,
les sueurs, les larmes, le sang, peut-être, que ces riches dépouilles auront coûtés aux hommes qui les préparent, pour
ajouter aux jouissances que donne la fortune à quelques êtres
privilégiés !

Au milieu de cette fluctuation d'intérêts si divers, d'espé-
rances déçues, de prétentions exagérées, d'idées vagues et peut-
être philantropiques, il reste à connaître comment l'Administration
de la ville de Paris réalisera aujourd'hui les projets d'exécution
de cette grande entreprise nationale, dont le succès touche à-la-
fois les intérêts des consommateurs, ceux de tout le Commerce, et
intéresse en même tems la gloire du pays et l'honneur des hommes
chargés d'examiner des questions d'une si haute importance.
Cette grande solution, disons-nous, est un problème encore :
nous ne devons donc pas oublier que c'est en présence du Commerce du monde entier que nous allons former un établissement
qui doit porter avec lui ce caractère de grandeur et de simplicité
qui décèle les immenses moyens d'exécution que possède l'une des
premières villes de l'Europe, ainsi que les hautes connaissances
administratives et les capacités les plus étendues de la part des
hommes qui auront à poser les bases de cette œuvre nationale.
Faudra-t-il craindre que l'intrigue, le crédit, le pouvoir ou la
puissance de l'or remplacent le savoir et l'équité ? Le Commerce
de la ville de Paris s'honore de compter un grand nombre des
siens pour juger cette importante affaire, et le pouvoir est repré-
senté par les hommes les plus aptes à lever de grandes difficultés
administratives. Que faut-il de plus pour donner de la sécurité ?

D'ailleurs il ne s'agit pas de créer un chef-d'œuvre inconnu et nouveau qui exige des talens infinis. Nous possédons en France des exemples bons à suivre ; nous avons des modèles parfaits ! Faudra-t-il toujours recourir à l'Angleterre ? Faudra-t-il chercher chez les Hollandais ou chez d'autres peuplés maritimes les images de nos édifices commerciaux ? La France ne peut-elle être ELLE-MÊME pour son Commerce et son Industrie, comme elle l'est encore pour la gloire de ses armes ? Il est vrai que parmi quelques peuples étrangers l'esprit national est assez puissant pour compter pour quelque chose le bien du pays, et que ce sentiment produit toujours chez eux de grands effets, tandis qu'il n'en est pas toujours ainsi en France. Lorsque je vois la vieille Cité de l'Angleterre demander que l'on creuse, à tout prix, sous les eaux tumultueuses de la Tamise un immense Tunnel, pour abréger les chemins de transport de quelques parcelles de tems, je ne peux comprendre, à la vue de ce chef-d'œuvre de conception, comment l'orgueil français ne s'humilie pas devant un projet dont l'importance commerciale qu'y attachait le commerce anglais ne peut être comparée qu'à la profondeur du savoir et à la hardiesse d'exécution de cette entreprise extraordinaire.

Aujourd'hui il s'agit de former un établissement central pour le bien du pays, et d'offrir au Commerce et à l'Industrie des améliorations dans leurs situations respectives. Il semble alors que l'on doit penser au centre de Paris, au centre de la ville où se trouvent réunis les consommations, les affaires, les relations commerciales et industrielles ; que ce centre doit nécessairement offrir le point sur lequel toutes les idées se fixeront pour la formation d'un établissement dont la localité spéciale et bien entendue est une des conditions les plus sérieuses et une des plus fortes garanties de sa prospérité. Eh bien ! il doit en être différemment ! Nous avons vu qu'en Angleterre on dépense des millions pour rapprocher les espaces et que l'on construit des chemins en fer pour augmenter la vitesse, etc. ; en France, on veut dépenser des millions pour éloigner les distances, et l'on cherche des

obstacles et des difficultés pour arriver à la réussite. Non-seulement
on demande que l'établissement projeté ne soit pas situé sur le
point cumulant des affaires et de la consommation, mais même
on propose qu'il soit placé à plusieurs lieues de la capitale ou
dans des localités du plus difficile abordage et dans un éloi-
gnement complet des affaires de tout genre. Ainsi se montrent
subitement des propriétaires riches et puissans, des banquiers,
des spéculateurs de terrains et de maisons, qui tous se meuvent,
s'agitent et tourmentent le pouvoir. Au milieu de ce conflit de
prétentions et d'intérêts divers, il n'est peut-être pas un seul
homme, libre de lui-même, qui agisse pour le bien du pays. Dans
le siècle où nous sommes, nous ne connaissons que l'intérêt positif:
voilà l'esprit national en France.

En effet, par cette subversion des idées d'utilité publique et
ces exigences pour les intérêts personnels, les uns prétendent
qu'un ENTREPÔT CENTRAL des objets nécessaires à l'existence de la
population de Paris, dont la destination est d'alimenter tous les
jours le consommateur et le producteur, sera très-convenablement
placé dans la plaine de Grenelle, à la gare de Saint-Ouen, à plusieurs lieues de Paris, ou sur le monticule de Tivoli, ou sur la
butte de Saint-Lazare. D'autres le trouveraient bien situé à la
barrière de Passy, à l'extrémité des Champs-Élysées; d'autres à
l'île des Cygnes, près le Champ-de-Mars; d'autres enfin dans la
plaine d'Ivry, derrière la Verrerie. Tous ces projets appartiennent,
comme on ne l'ignore pas, à de riches propriétaires ou à des capitalistes dont les spéculations incertaines n'ont point eu; dans un tems
récent encore, tout le succès désirable. Mais ces plans reposent tous
sur des intérêts personnels, qui feront bien certainement échouer
les résultats heureux qu'il est permis d'attendre d'une entreprise
aussi belle et aussi nationale, si elle est abandonnée à des spéculations entièrement opposées aux intérêts municipaux de la ville de
Paris, à ceux de tout le Commerce, et particulièrement aux vues
de bien public que les législateurs se proposaient de réaliser
en accordant à la capitale cette grande mesure d'utilité publique
et nationale.

Nous ne pouvons examiner ces projets hypothétiques comme il conviendrait de le faire; cependant nous en donnerons une idée, pour achever le développement de ces considérations générales. Nous diviserons ces divers plans par régions de localités, afin de présenter en un seul aperçu les distances choquantes qui existent entre eux et le point de centre, le quartier des Lombards, que l'on peut considérer comme étant celui des affaires les plus actives et les plus nombreuses du commerce de drogueries, d'épiceries, de tableterie, etc.

Quatre établissemens situés hors de Paris,

Le 1er à la Plaine d'Ivry.
Le 2me à la Plaine de Grenelle,
Le 3me à la Gare de Saint-Ouen.
Le 4me à la Grande-Villette.

Quatre établissemens situés aux barrières de Paris,

Le 1er quai d'Orsay et île des Cygnes (Gros-Caillou).
Le 2me quartier François Ier (Champs-Élysées).
Le 3me au monticule de Tivoli (barrière de Clichy).
Le 4me au monticule du Clos Saint-Lazare (barrière Saint-Denis).

Deux établissemens près du centre de Paris,

Le 1er place des Marais et le Canal de Saint-Martin.
Le 2me Entrepôt de la Réserve, Gare de l'Arsenal.

Le premier projet serait de former sur la rive gauche de la Seine, en amont du pont de Bercy, au-dessus de l'ancienne Gare et de la Verrerie, aux abords de la plaine d'Ivry, un système de canaux, de bassins, de routes, de magasins, qui présenteraient, sous la dénomination du nom anglais Doocks, l'ensemble de l'Entrepôt de la ville de Londres, élevé à l'extrémité d'un faubourg, sur les bords de la Tamise. L'auteur de cette conception, en traitant des généralités de cet établissement, laisse entrevoir des idées d'une étendue presque incommensurable relativement à l'objet qu'il s'agit de former. La création des Doocks

de la plaine d'Ivry, suivant nos observations, devrait absorber dix
années de travaux et peut-être encore plus de millions que
d'années. On ne voit dans ce plan que l'Angleterre en grand,
l'Angleterre dans son immense puissance commerciale, faisant
arriver de l'Inde, chaque année, vingt mille vaisseaux chargés
des plus riches produits et entrant à pleines voiles dans la Tamise,
heureuse de pouvoir leur prêter ses eaux et ses ports pour déposer
leurs prodigieuses cargaisons. Mais en France, mais à Paris, ce
n'est plus ainsi qu'il faut juger de ces sortes d'entreprises. L'Angleterre est le plus riche propriétaire de l'Inde; tout lui appartient,
ou au moins elle dispose de tout; elle devient la seule, l'unique
entrepositaire du monde, lorsqu'elle joint aux richesses des vastes
provinces de sa domination, dans l'Inde ancienne, les produits que
son commerce et ses vaisseaux vont recueillir dans les Amériques
du continent nouveau. Il lui faut alors des établissemens propor-
tionnés aux immenses sources qui alimentent son commerce,
vivifient sa marine marchande et remplissent les trésors des riches
et puissans capitalistes de la Compagnie des Indes. Tandis que
nous faisons en France quelques cent millions d'affaires, la Grande-
Bretagne traite pour plusieurs milliards dans le même espace de
temps. C'est donc une étrange aberration de l'esprit de vouloir
rapprocher sans cesse le genre, la forme, et jusqu'aux dispositions
mêmes de nos établissemens de commerce français avec ceux
du peuple anglais. Cependant la connaissance du caractère moral
des deux peuples, ainsi que la situation géographique de l'Angleterre, offrent assez de différences pour que nous ne cherchions
pas à tout moment l'occasion de suivre servilement les traces
d'une nation dont les élémens d'existence sont essentiellement
différens des nôtres. L'Angleterre fera toujours le commerce du
monde entier, et la France ne pourra jamais obtenir qu'un commerce secondaire. En effet, la plus grande quantité des marchandises de l'Inde qui arrivent dans nos ports, et qui alimentent la
consommation, sortent des provenances anglaises, et nous sommes
témoins tous les jours que ce n'est qu'une bien faible distraction

de leurs produits qui entrent chez nous, comparativement à ceux qui restent encore dans les immenses Doocks de la Tamise.

Les trois autres projets offrent des localités situées également *extra-muros*, et sont présentés par des compagnies diverses. Les propriétaires du nouveau village de Grenelle, les propriétaires de la Gare et ceux du village de Saint-Ouen, les propriétaires des terrains attenans au bassin de la Villette, prétendent aussi obtenir l'Entrepôt général.

Il semble que par ces mots : ENTREPÔT GÉNÉRAL, l'opinion publique entend désigner un point central, un établissement à la portée de TOUS, où tout est également BON ET UTILE A TOUS. Comment se fait-il qu'avec la connaissance d'un principe si généralement reconnu, les idées les plus divergentes viennent se heurter sur un sujet de même nature, et que les dispositions les plus disparates et les plus incohérentes soient présentées sérieusement? Suivant nous, c'est une vérité constante que ces établissemens doivent être élevés sur le point culminant *des affaires et des voies qui leur sont propres*. Ainsi l'Entrepôt des vins existe depuis cent cinquante ans sur le port où arrivent et se déchargent les vins; les gréniers à farines ont dû être placés aux affluens de la Marne, de l'Yonne, de la Seine, qui apportent les blés et les farines de la Brie, de la Champagne, de l'Orléanais, enfin des moulins de Corbeil, d'Étampes, etc. L'Entrepôt des toiles et des draps est situé depuis plus d'un demi-siècle au point le plus central du commerce de la draperie et de la lingerie ; le Palais-Royal, le bazar de toute l'Industrie française, est au milieu de la plus nombreuse et de la plus riche population de Paris.

Les auteurs de tous ces projets sont tombés dans une autre erreur encore. La loi a voulu donner un droit d'entrepôt à la ville de Paris, et ne gêner en rien le Commerce, les spéculations et même les habitudes des négocians et des consommateurs. Elle n'a donc pu entendre qu'elle accordait ces avantages aux villages et aux bourgs qui environnent la capitale. Jamais, je le pense, il n'eût été facile de faire comprendre aux législateurs qui avaient à délibérer sur cette matière, que les nouveaux villages d'Ivry, de Grenelle, celui de Saint-Ouen, etc., etc., qui ne sont que des annexes fortuits du département de la Seine, devaient se considérer comme point de centre le plus favorable au Commerce de Paris, et recueillir les avantages de cette position. Si, par une subversion totale des idées et de la saine raison, l'Entrepôt pouvait être établi dans ces lieux éloignés et presque inhabités, le Commerce serait donc dépossédé de son plus bel avenir, et la ville de Paris même perdrait l'une des plus belles prérogatives que la loi lui accorde, celle de posséder dans son sein un établissement qui doit procurer au Commerce français la splendeur et l'importance qu'il mérite. En vérité, il serait singulier de faire croire qu'il est plus commode et plus convenable de traiter des affaires dans la plaine de Saint-Ouen ou sur les monticules de Tivoli ou de Saint-Lazare, que de continuer des relations et des habitudes presque séculaires dans des quartiers où tous les intérêts attachent et retiennent le marchand, comme le négociant et le consommateur.

Mais loin de trouver ce langage décevant ou fallacieux, nous reconnaissons plutôt qu'il a été dicté par le manque de connaissances positives sur les matières à entreposer ; par la précipitation avec laquelle les localités ont été explorées et les travaux estimés; enfin par la crainte de voir échapper une entreprise dont les avantages présumables pouvaient réparer les pertes énormes produites, par des spéculations aventureuses et inconsidérées, sur les terrains et les propriétés actuellement en non-valeur de ces quartiers éloignés et peu habités. Nous ne partageons pas même l'idée qu'à l'aide d'un subterfuge habile, on espère, dans un tems plus ou moins éloigné, voir ces nouveaux villages devenir des villes, et que, par l'agglomération de riches propriétés et des matériaux précieux du Commerce, la présence des nombreux employés de la Douane et celle de l'administration de l'Entrepôt, ils parviennent à former un centre de population et de mouvement capable de porter un préjudice notable aux affaires de la capitale. Au surplus nous aban-

donnons cette pensée, qui n'est point la nôtre, à l'Autorité municipale de la ville de Paris ; c'est à elle à surveiller des intérêts
d'une aussi haute importance.

Les établissemens proposés par les habitans du Gros-Caillou,
les propriétaires des terrains des Champs-Élysées, de Tivoli et du
clos Saint-Lazare, ont l'avantage d'être situés *intra muros* ; et,
quoiqu'il soit difficile de comprendre comment ces quartiers,
isolés de tout genre de commerce, pourraient devenir le centre
des affaires et les localités les plus favorablement disposées pour
la formation de l'Entrepôt, au moins présentent-ils une différence
sensible de rapprochement au centre de Paris. Cependant il ne
faudrait pas croire qu'ils offrissent d'ailleurs des avantages qui
militassent beaucoup en leur faveur. Ces projets reposent tous sur
des intérêts particuliers, par conséquent étrangers à la ville de
Paris, aussi bien qu'à l'établissement proposé. Cette vérité se re-
connaît à chaque ligne des Mémoires qui les exposent. Nous cite-
rons comme un exemple de contradiction frappante, et comme
un des plus faux argumens dont se servent ces compagnies pour
appuyer leurs prétentions, l'opinion différente exprimée par deux
d'entre elles sur un même sujet.

L'Entreprise de Tivoli s'exprime ainsi :

«Ces établissemens ont été créés pour donner la vie à ces trans-
» actions (commissions, exportations, etc.) et pour les multiplier,
» et non pour favoriser spécialement le commerce de détail, sur
» lequel ils auront peu d'influence. C'est sous la main du proprié-
» taire (les entrepositaires) que doit être la marchandise ; il faut
» qu'il la surveille tous les jours. *Le consommateur, au contraire,*
» *ne doit la voir que pour l'agréer et en prendre livraison, après que*
» *les bases du marché ont été arrêtées par le courtier porteur des*
» *échantillons.* »

La Compagnie de la Place des Marais s'exprime différemment :

« L'un des principaux avantages d'un entrepôt, et l'une des con-
» ditions essentielles d'où dépend sa prospérité, *c'est de pouvoir*
» *attirer constamment et simultanément le plus grand nombre*

» *possible d'acheteurs et de vendeurs ; c'est de réaliser une espèce*
» de marché permanent, où les ventes et les achats s'effectuent *à*
» *la vue des marchandises et non sur des échantillons.* Pour que
» l'Entrepôt de Paris puisse atteindre ce but, il faut qu'il soit placé
» à proximité du quartier ou LE COMMERCE A SES HABITUDES ET SES
» ÉTABLISSEMENS, fondés depuis des siècles, et d'où il ne peut s'é-
» loigner tout-à-coup sans compromettre gravement ses intérêts. »

Ainsi, lorsqu'il s'agit des intérêts des banquiers et des capitalistes de la Chaussée-d'Antin, on demande que l'entrepôt soit
situé au parc de Tivoli ou à Saint-Lazare ; si les habitans des rives
de la Seine, les mariniers de la Seine maritime ou les propriétaires
aux Champs-Élysées présentent leur vœu, c'est pour fixer la nouvelle entreprise au Champ-de-Mars ou à Passy ; enfin, si les villages
d'Ivry, de Grenelle, de Saint-Ouen, de la Villette, sont entendus,
c'est pour offrir leurs vastes plaines, et tous, sans exception,
assurent que c'est pour le mieux des intérêts de la ville et du
Commerce de Paris, et surtout *pour leur prospérité commune.*
S'agit-il de vendre la marchandise ? On prétend à Tivoli qu'on ne
doit vendre que sur échantillons et par entremise de courtiers ; à la
place des Marais, on assure qu'il faut voir la marchandise à l'Entrepôt pour l'acheter et l'enlever ensuite. Le tems et l'expérience
mettront sans doute ces auteurs d'accord entre eux. C'est avec de
semblables sophismes que les prétentions les plus déraisonnables
sur la formation de l'Entrepôt général ont été présentées comme
des axiomes et des vérités incontestables.

Quant à l'Entrepôt réel, on dit avec raison qu'il est utile que
le propriétaire *surveille tous les jours sa marchandise ;* c'est une
justice et un droit. Mais peut-on penser que les marchandises
entreposées auront besoin d'être vues et surveillées tous les jours
par les propriétaires ? L'Administration, ce nous semble, doit mé-
riter plus de confiance et plus d'égards. Faut-il croire encore
que tous les entrepositaires seront à la Chaussée-d'Antin, à Tivoli
ou à Saint-Ouen ? Il doit en être autrement, sans quoi il faudrait
renoncer à former un Entrepôt. On doit mettre en usage d'autres

moyens pour alimenter et donner la vie à l'Entrepôt de Paris, .L'Administration doit chercher à développer à-la-fois les res-sources que présentent les marchandises de toutes les classes de Commerce et de tous les genres d'Industrie, la consommation de la ville de Paris et celle des six ou huit départemens qui l'en-vironnent; elle doit protéger tous les genres de consignations et les dépôts de toute nature ; il faut enfin qu'elle veuille que l'En-trepôt ne soit point un lieu privilégié pour quelques maisons à grandes fortunes et quelques capitalistes seulement. Pourquoi le Ministère du Commerce ne garantirait-il pas auprès de la Com-pagnie des Indes anglaises des demandes de marchandises colo-niales en entrepôt pour le Commerce français? pourquoi ne donnerait-il pas son appui aux transactions annuelles qui s'opèrent pour les cotons de l'Égypte? Voilà des sources de prospérité qu'il serait facile d'ouvrir! Pourquoi le haut Commerce n'approvision-nerait-il pas la France en indigo, cochenille, sucre, café, coton, etc., pour plusieurs années? La situation politique de l'Europe est-elle fixée tellement à la paix qu'il soit téméraire de penser à la guerre? Aujourd'hui, que nous n'avons de colonies précisément que ce qu'il nous faut pour diriger nos vaisseaux vers des rivages qui pourraient ne pas être toujours bons ou hospitaliers, il nous semble que de semblables spéculations honoreraient leurs auteurs autant qu'ont pu le faire les gigantesques entreprises de con-structions et de formations de quartiers nouveaux dont on a voulu grandir la ville de Paris.

Et que l'on ne croie pas que ces idées de spéculation sont fausses ou paradoxales; on connaît plusieurs beaux exemples d'entreprises de ce genre, qu'il serait honorable de voir imiter au-jourd'hui. Lorsque les chimistes français eurent découvert, dans les premières années de ce siècle, la décomposition du sel marin pour en extraire la soude, le célèbre Chaptal, alors ministre de l'intérieur, appréciant l'importance d'une opération qui dégageait pour toujours la France des entraves qu'elle éprouvait dans son commerce de soude avec l'Espagne, et dans sa fabrication des savons blancs, l'un des plus précieux produits de l'industrie française, *fit soumissionner dans le même moment* tous les soufres qu'on put reconnaître en Italie et en Sicile. Prévoyant la guerre, il assura à la France, par cette spéculation hardie, cette substance dont elle avait un besoin si impérieux pour la fabrication des poudres de guerre, le soufre et son acide, si nécessaires dans les arts chimiques, ainsi que la soude et les savons, comptés dès-lors au nombre des richesses indigènes au sol de la France. Tous ces produits, dont le Commerce et l'Industrie furent pourvus si abondamment pendant la longue période que dura la guerre maritime et continentale sous Napoléon, donnèrent au Commerce français des bénéfices immenses. Un des frères de l'empereur, chef du même ministère, fit une tentative aussi heureuse sur les blés et les farines : de même que la spéculation de Chaptal, elle réussit à souhait, et procura dans un tems de précieuses ressources en subsistances. Un ministre ne déroge point à son caractère lorsqu'il honore ses fonctions par de semblables conceptions.

Aujourd'hui, plutôt que d'étudier des théories d'une aussi grave importance, plutôt que de rechercher les sources et les causes de prospérité pour le succès futur de l'entreprise nouvelle, plutôt enfin que de présenter des idées d'ordre et d'économie, des conceptions sages et d'une exécution possible pour élever l'édifice projeté, les hommes qui ont médité sur cette grande entreprise nationale ne voient que des intérêts personnels, ne parlent que de leurs propriétés ou de celles de leurs voisins ; leur susceptibilité leur recommande de ne vouloir de facilités dans leurs relations et de travaux productifs que pour les riches habitans de leurs quartiers ou pour les hommes de leurs professions ou de leur convenance. Ils ne proposent de plans que pour multiplier les dépenses municipales, absorber des capitaux dont les intérêts seront peut-être à peine couverts par le faible produit des rentrées des matières en entrepôt. Cependant si l'Administration était prévoyante, l'Entrepôt de Paris pourrait devenir un centre précieux de ressources et de bénéfices importans, qui se réaliseraient fructueusement, et pour le compte de l'Autorité municipale, et pour le Commerce et l'Industrie de la capitale, dont les intérêts ne doivent pas être séparés par un intérêt intermédiaire et opposé, comme celui des compagnies de spéculateurs quelles qu'elles soient.

D'ailleurs, il est évident que la ville de Paris ne peut trouver qu'un mécompte dans toutes les propositions qui lui seront présentées, si elles ont pour base d'estimation des quantités aussi minimes que celles relatées dans plusieurs mémoires publiés. Par exemple, l'un d'eux porte au nombre dix-huit les sortes de substances et matières premières à entreposer, comme sucre, café, indigo, cochenille, bois, suif, soufre, potasse, coton, etc., dont la valeur capitale ayant pu être estimée à cent dix-sept millions, donnerait à l'Entrepôt de Paris un revenu annuel de deux cent vingt-trois mille francs. Nous ne présenterons qu'une réflexion : si les revenus de l'Entrepôt de Paris ne peuvent être estimés par hypothèse et actuellement qu'à la somme de deux cent mille francs, qu'est-il donc si nécessaire de creuser des canaux, des bassins, des garres pour une navigation complète et importante? Pourquoi des routes, des chemins en fer, des voies nouvelles à établir avec des sacrifices de toutes sortes? Pourquoi donc lever des plans de terrains de vingt, trente et quarante arpens, ainsi que des projets de constructions immenses? Tout cela pour loger cent dix-sept millions de marchandises par année!

Mais que l'Administration municipale se rassure; on connaît dans le Commerce plus de trois cents articles dont on a l'espérance fondée de voir l'Entrepôt général se doter, soit par des entrepôts réels, soit par des consignations du Commerce français et du Commerce étranger. Ne suffit-il pas d'ailleurs de posséder quelques connaissances commerciales, ou d'examiner seulement le tarif général de la Douane, pour apprécier l'importance des produits à entreposer par le Commerce et l'Industrie? Nous le répétons, que l'Administration se tranquillise sur ces nombres incertains et approximatifs d'estimation, et qu'elle ne livre pas à la hâte des intérêts aussi précieux, qui pourraient se trouver dans un tems d'une toute autre importance que celle qui lui est présentée dans ce moment. Qu'elle se rappelle donc que la ville de Paris possède un privilége exclusif, qu'elle est propriétaire de beaux édifices et de terrains vastes et convenables à des constructions importantes ; qu'elle se rappelle que des sommes énormes ont été sacrifiées pour creuser un canal immense qui chôme depuis long-tems sur tous ses bords, et par le manque de navigation et par défaut de commerce ; qu'elle réfléchisse que plus de mille propriétés ont été dépecées à sa prière et à ses sollicitations pour achever ces travaux, et qu'un grand nombre des propriétaires riverains n'eussent pas consenti aux cessions faites à la ville, sans l'espoir, fondé alors, que de grands établissemens seraient formés pour donner la vie à ces quartiers nouveaux et redonner de la valeur aux propriétés foncières, morcelées dans tous les sens pour l'achèvement du canal. Faut-il lui dire encore que la population nombreuse des trois faubourgs qui touchent ces abords a besoin chaque jour de travail, et qu'elle pourrait en trouver sur ces berges abandonnées ? Si tous ces faits sont encore présens à son souvenir, l'Administration ne partagera pas sans doute l'opinion que l'Entrepôt doit être abandonné aux soumissions spéculatives de quelques compagnies ; mais elle jugera qu'elle doit au Commerce, à l'Industrie, à une population de plus de quatre-vingt mille habitans pauvres, une protection égale d'abord, et ensuite la reconnaissance des droits acquis à chacun par de grands sacrifices.

Enfin, si les considérations que nous venons de développer ont quelques fondemens de justesse et d'équité, que faut-il de plus pour rendre une entreprise heureuse ? Est-ce de l'argent ? Mais lorsque Napoléon a créé le magnifique palais de la Bourse, le beau magasin de la Réserve des Grains et des Farines, a-t-il demandé des soumissions ? Lorsque la ville de Paris a voulu continuer la belle entreprise de l'Entrepôt des vins, a-t-elle cherché des capitaux qui fussent étrangers à la caisse municipale ? Pourquoi donc aujourd'hui l'Administration cherche-t-elle ailleurs que dans les voies et les moyens où elle a puisé ordinairement? Que l'Autorité dise un mot, et dix mille actions, créées à un faible in-térêt, seront acceptées par toutes les classes du Commerce, pour rendre l'Administration municipale libre et indépendante dans le choix de son établissement et dans la disposition de ses revenus à venir. Si, au contraire, il faut faire une spéculation, qu'elle demande vingt-cinq millions pour donner la préférence au plus offrant. Elle pourra au moins payer alors une dette de son budget.

Avant de terminer ces considérations, nous dirons un mot des deux derniers projets que nous avons déjà désignés. Le premier plan consiste à utiliser le Grenier d'Abondance, ou magasins de la Réserve, ainsi que les immenses terrains de l'ancien Arsenal de Paris; le second aurait pour motif l'emploi de la place des Marais, située aux bords du canal de Saint-Martin. Ces projets, sou-tenus par des hommes qui, n'étant point propriétaires des localités proposées, présentent au moins l'aspect du désintéressement, sont offerts également à l'Autorité municipale. Sont-ils préférables ou seront-ils délaissés? Cependant la ville de Paris est propriétaire et possesseur actuel de ces vastes localités, qu'elle ne peut aban-donner inconsidérément pour se livrer à des spéculations étendues bien au-delà de ce qui est nécessaire et utile à la formation des établissemens de l'Entrepôt de Paris.

Enfin, nous publierons aussi le projet qui nous est personnel; et ici nous ne serons pas taxés de prétendre à des bénéfices de sociétaires : nous sommes pauvre; nous n'exigeons aucun salaire pour fruit de nos veilles et de la communication de nos idées; nous les publions à pleine voix. Mais nous dirons au lecteur attentif, au public désintéressé, que cette position nous rend libre et indépendant; que, de plus, en 1830, nous avons publié un ouvrage ayant pour titre : *Essai sur quelques Monumens na-tionaux et d'utilité publique;* et que, dans cet important travail, nous avons annoncé que, dans la quatrième partie, nous traiterions du projet d'ÉLÉVATION DE L'HÔTEL DE LA DOUANE ET DE L'ENTREPÔT GÉNÉRAL DU COMMERCE DE PARIS.

C'est une partie de ce projet que nous présentons dans cet opuscule. Si vous n'avons pas donné suite à cette livraison depuis lors, c'est que les dépenses beaucoup trop considérables de la première partie, comprenant LE MONUMENT TRIOMPHAL DE LA PLACE DE LA BASTILLE, déjà publiée, ont retardé l'exécution des autres livraisons. Mais au moins cette publication établit pour nous la priorité de conception de l'objet qui nous intéresse dans ce moment.

DEUXIÈME PARTIE.

Dispositions nouvelles présentées pour fixer la localité des Établissemens de l'Entrepôt général.

Par l'art. 10 de la loi du 27 février, les villes qui auront obtenu la faculté d'entrepôt *pourront faire concession temporaire de leurs droits, avec concurrence et publicité, à des adjudicataires qui se chargeraient de la dépense du local, de la construction et de l'entretien des bâtimens, ainsi que de toutes les charges de l'Entrepôt.*

Ainsi l'Administration de la ville de Paris a usé de son droit en soumettant à la concurrence la formation de l'Entrepôt du Commerce de Paris : de là les offres qui lui sont faites, 1° de lui concéder des terrains, 2° de lui bâtir des magasins, 3° de recevoir ses revenus, etc.

Que le législateur ait pensé qu'il devait prévoir les circonstances difficiles dans lesquelles se trouveraient les villes départementales désignées pour Entrepôt, s'il fallait qu'elles achetassent des terrains, qu'elles construisissent des établissemens pour former une administration d'Entrepôt, c'est une preuve de sagacité et de bon jugement du ministre qui a présenté la loi. Ainsi cette facilité peut bien être dans les convenances de certaines villes, telles que Orléans, Mulhouse, Strasbourg, etc., qui ne pourraient disposer de suite d'un certain nombre de capitaux. Mais que la ville de Paris, une ville riche et puissante, soit forcée de recourir à des spéculateurs de terrains et à des capitalistes pour traiter de leurs propriétés et pour des avances de fonds, c'est une extrémité à laquelle personne ne voudra croire, et ce serait même une calamité de penser que, pour construire ces édifices, on soit obligé d'engager pour ainsi dire à l'avance les revenus de l'établissement projeté, puisqu'on cède le privilége.

Cependant la ville de Paris possède un grand nombre de terrains et de propriétés convenables à la formation de grands établissemens; plusieurs d'entre eux sont situés au centre de Paris, sur des lignes de communication directes et familières à tous les genres de commerce. Pourquoi ne pas choisir ces lieux si faciles à indiquer, et aussi faciles à occuper? Parce que, dit-on, ce n'est pas le quartier des affaires, des gens riches, des banquiers et des capitalistes qui doivent alimenter l'Entrepôt. Ce vain subterfuge s'évanouit devant la réalité et l'expérience de tous les jours. Trop de contradictions s'élèvent d'ailleurs entre les concurrens eux-mêmes pour supposer que l'intérêt général ait dicté leurs propositions. Peut-on croire, par exemple, que les capitalistes et les banquiers ralentissent leurs opérations de finances et de commerce en raison de quelques distances plus ou moins éloignées? Ce n'est pas parmi ces hommes si habiles et si laborieux que l'on rencontre les lenteurs et l'inexécution dans les affaires par la difficulté de parcourir quelque espace.

Suivant la plus simple interprétation de la loi, la ville de Paris, dotée de son privilége, doit l'utiliser et le faire fructifier par ELLE-

MÊME. Pour arriver à ce but d'utilité et d'indépendance que doit toujours observer l'Administration d'une grande ville, elle doit, pour former ses établissemens, choisir parmi les localités dont elle est propriétaire incommutable, sans livrer ses intérêts à des mains étrangères, qui ne peuvent la servir qu'en raison du partage d'un bénéfice plus ou moins considérable, qui devient une perte réelle pour la caisse municipale.

Ce sentiment autorise donc à croire que le Ministère a dû penser que l'Entrepôt de la ville de Paris serait établi sur les mêmes bases que l'Entrepôt des Vins, que celui des Sels, que celui des Tabacs; enfin que ce privilége deviendrait une propriété honorable et productive pour la ville de Paris, qui possède d'assez vastes moyens d'exécution pour diriger ses établissemens sans avoir recours à des constructeurs et à des fermiers.

La Douane, qui aura des intérêts sérieux à surveiller dans l'Entrepôt de Paris, a dû penser qu'une sympathie heureuse pourrait s'établir entre elle et l'Administration municipale, et que, d'un commun accord, les perceptions de Douane et d'Octroi pourraient se faire simultanément avec de grands avantages pour l'Administration générale, pour la Caisse municipale, pour le Commerce et l'Industrie.

Il était naturel de penser encore que l'Autorité municipale prendrait pour règle de conduite, dans cette importante affaire, non pas le sens et l'opinion des parties intéressées et des propriétaires de terrains, mais sa propre expérience, en se rappelant l'immense succès de l'Entrepôt des Vins de Paris.

Le Commerce a pensé aussi, LUI QUI PAIE et supporte si généreusement les charges municipales, LUI qui se rappelle les dépenses énormes qu'il a acquittées avec une longanimité sans exemple pour le palais de la Bourse, qu'on préférerait avoir recours à ses deniers réunis en actions, pour le faire bénéficier des intérêts des capitaux employés dans cette entreprise, plutôt que de les voir passer dans les mains d'associations anonymes et souvent insolites à ses transactions.

Enfin, les habitans de Paris ont peut-être pensé aussi qu'ils pourraient voir dans l'établissement de l'Entrepôt général un monument national et d'utilité publique, honorable à-la-fois pour le Commerce et l'Industrie, qui auront contribué à son élévation et à son succès.

Mais, abstraction faite de telle interprétation que l'on voudra donner à la loi ou de telle supposition que l'on établira, nous chercherons à connaître les bases sur lesquelles l'Administration peut établir la cession du privilége qu'elle est apte à céder à telle compagnie que ce soit. Ici elle ne peut avoir recours à l'expérience: la France ne possède, sur aucun point, d'exemples de ce que pourra offrir d'avantages ou d'inconvéniens l'Entrepôt de Paris; car une comparaison, pour être exacte, ne peut avoir lieu qu'entre deux choses d'une même nature, et dans des circonstances d'une parfaite similitude. Or, la masse des opérations de l'Entrepôt sera inconnue long-tems encore, parce qu'il sera impossible d'établir une estimation moyenne de dépenses et de perceptions avant plusieurs années de gestion, pour obtenir une quotité quelconque de revenus ou de déficits. C'est en vain que l'on présentera le tarif et la gestion de l'Entrepôt du Hâvre pour base des opérations de l'Entrepôt de Paris. La connaissance des dépenses d'établissement, le nombre, l'entrée, le séjour des marchandises, les dépenses de Douane et celles de l'Administration, ainsi que les revenus à percevoir, sont autant de faits et d'opérations problématiques sans solution présumable d'ici à long-tems encore.

Et cependant, si les dépenses d'acquisitions de terrains, de constructions, d'établissemens, sont trop considérables, l'Entrepôt sera grevé dès l'origine de l'intérêt des capitaux, qui absorbera les premiers bénéfices; car si les localités sont mal choisies, et si les terrains ne sont pas convenables aux constructions demandées, elles entraîneront des dépenses inouïes, et comme le monument triomphal de la barrière de l'Étoile, les fondations seront à peine sorties du niveau du sol qu'elles auront épuisé les capitaux qui étaient jugés, par les architectes même, nécessaires à l'édification entière du monument. Nous possédons des milliers d'exemples semblables.

Toutes ces suppositions deviennent oiseuses devant l'imperturbable persistance de quelques compagnies intéressées, qui disent à l'Administration municipale : *Laissez-nous construire l'Entrepôt sur nos terrains, nous vous donnerons pendant vingt-cinq ans un revenu fixe pour votre privilége, et, au terme de notre gestion, nous vous abandonnerons les terrains, les constructions, ainsi que les dépenses qui auront été faites pour l'administration de l'Entrepôt.* Ainsi le Commerce de la ville de Paris sera contraint et forcé, et pour un terme indéfini, d'opérer ses transactions dans telle localité qui aura obtenu la préférence, quels qu'en soient pour lui les résultats et les conséquences ! C'est ainsi que l'on veut arracher à l'Autorité municipale le privilége de l'Entrepôt. L'opinion publique s'est prononcée et combat vivement de semblables propositions, qui, en général, ont été très-peu favorablement accueillies du centre du Commerce.

Est-il donc présumable que les intérêts municipaux et ceux du Commerce, sous l'apparence d'offres spécieuses, seront sacrifiés aux intérêts de soumissionnaires qui ne considèrent, dans cette spéculation, que la valeur donnée aux propriétés qu'ils possèdent? Est-il présumable encore que l'Administration, ne pouvant en aucune manière adopter un système régulateur pour l'estimation des droits à percevoir, et ne voulant pas d'ailleurs ajouter aux charges municipales par les dépenses de constructions nouvelles, abandonnera A FORFAIT son privilége et ses revenus au plus fort soumissionnaire? Non, ce n'est point ainsi que l'Administration de la ville de Paris doit opérer dans une transaction de cette importance.

Cependant deux projets, parmi ceux que nous avons déjà cités, semblent devoir attirer le plus grand nombre de suffrages. C'est d'une part celui qui a pour but d'employer la place des Marais, et de l'autre celui dans lequel on dispose des magasins de la Réserve de l'Arsenal. La première de ces localités est communale, sans aucunes constructions sur sa superficie ; la seconde appartient à l'État, est couverte du plus magnifique établisssement d'utilité publique que possède la ville de Paris ; mais l'Autorité municipale ne peut en disposer sans l'assentiment du Gouvernement : elle est certaine de l'obtenir.

La situation de la place des Marais est sans contredit l'un des points les plus favorables à diverses branches importantes de Commerce de la capitale , et sous ce rapport elle mérite la préférence sur beaucoup d'autres localités proposées. Mais en même tems elle offrira, pour les constructions, des obstacles difficiles à surmonter, de même que pour les arrivages la superficie de l'espace qui restera libre présentera une exiguité absolue , en raison des mouvemens à opérer à-la-fois sur tant d'objets divers. Si cette circonstance se faisait également ressentir sur l'étendue de l'établissement par des dispositions trop minimes, elle compromettrait le succès de l'entreprise.

On sait d'ailleurs que ces terrains sont mouvans et ont été comblés depuis peu d'années : ainsi les fondations devront être assises à une grande profondeur , et de manière à préserver les caves de l'établissement d'une inondation souterraine par les eaux du canal. Il faudra édifier ; et en supposant un rez-de-chaussée et un seul étage supérieur , on devra compter pour les quatre corps de bâtimens nécessaires à l'Entrepôt deux années sans discontinuité de travaux.

La superficie des terrains à couvrir de caves et de bâtimens est égale à peu-près à celle des greniers de la Réserve. Or, on sait que ce vaste établissement a coûté, sous l'Empereur, quatre millions pour les fondations et les caves, et quatre millions pour l'achèvement de l'édifice. Ainsi, en admettant que les constructions projetées n'éprouvent aucun accident grave par la proximité des eaux du canal, on peut établir le calcul hypothétique que voici :

1° Les quatre bâtimens projetés, égaux à ceux de la Réserve, mais réduits du quart de la dépense, donneront encore . . . . 6,000,000 fr.

A reporter. . . . . 6,000,000 fr.

Report.............. 6,000,000 fr.

2° Le pavage de la place, des rues anciennes et des voies nouvelles, ci.. 200,000 .

3° Intérêts de 6,000,000, terme moyen pendant deux années de
constructions, ci.................................. 3oo,000

4° Fausse estimation, circonstances imprévues, etc. , ci........ 5oo,000

Total du capital.......... 7,000,000 fr.

Conséquences de ces calculs :

1° Le capital de la dépense étant de 7,000,000, l'établissement
sera grevé de 35o,000 francs d'arrérages annuels, ci............ 35o,000 fr.

2° L'administration de la Douane demande pour la surveillance de
l'établissement et l'exécution de la loi........................ 120,000

3° L'administration de l'Entrepôt coûtera pour sa gestion......... 100,000

Dépenses totales de l'année...... 57o,000 fr.

Questions Positives. — Quels seront donc les bénéfices réels de
l'Entrepôt, s'il est grevé de cinq cent soixante-dix mille francs
d'arrérages et de frais d'administration ?

Comment se procurera-t-on les sept millions nécessaires à la
formation de l'établissement?

La proposition d'utiliser les magasins de la Réserve des grains
et farines est le deuxième projet à examiner.

Monument de la prévoyante sollicitude d'un grand administra-
teur, l'édifice de la Réserve des subsistances fut conçu et ordonné
par le génie de Napoléon. Il sortit des monceaux de ruines du
vieil Arsenal de Paris, en même tems que le pont et la place de la
Bastille se formaient des débris de cette antique forteresse, pour
donner ensuite un libre cours aux eaux du canal de Saint-Martin,
impatientes de prendre enfin leur embouchure dans la Seine.

Aujourd'hui, par une conception différente et opposée aux vues
de l'empereur, le Gouvernement, qui a pour lui l'expérience,
trouve que l'accumulation des céréales et farines dans un même
lieu présente des pertes sans cesse renouvelées, qui, en défi-
nitive, forment un capital important. Ainsi l'Administration a pu
se convaincre qu'en vingt années il ne se rencontre pas trois années

de disette, et que sur ce petit nombre une seule peut être comptée comme disette sérieuse. D'où il suit, 1° qu'il faut entretenir annuellement un édifice immense ; 2° renouveler par portions, à des périodes très-rapprochées, la totalité des subsistances ; 3° supporter les avaries, les pertes et déchets, opérer une manutention suivie, compter les intérêts du capital des acquisitions, etc. ; ce qui, dans la période de vingt années, absorbe deux fois le montant de l'approvisionnement général.

Ces observations sont exactes et ont été faites par des administrateurs éclairés, auxquels le pays est redevable de plus d'une amélioration semblable. Cette digression était nécessaire ici pour expliquer la résolution sage et utile par laquelle l'Administration a supprimé l'emmagasinage des blés et farines.

Le monument resté libre par cette suppression est assez connu pour qu'il ne soit pas nécessaire d'en donner une longue description. Nous dirons seulement que les caves sont de la plus belle conservation, à l'abri de l'humidité, construites sur des massifs énormes posés au-dessus du niveau des eaux du canal et de la Seine. Leur étendue est assez vaste pour contenir cinquante mille bariques de vin. L'étage du rez-de-chaussée, composé de grandes divisions formées par des murs de refend, présente des intervalles ou espèces de vestibules qui servent de communication avec l'intérieur. Dans les vastes salles que forment ces dispositions, on remarque plusieurs rangées de colonnes carrées supportant un plafond qui s'appuie, aux extrémités, sur des pilastres aussi carrés. L'élévation de ces intérieurs est très-belle ; ils présentent l'aspect des bazars orientaux, dont les savans de l'expédition d'Égypte nous ont donné des modèles.

L'édifice devait porter originairement plusieurs étages supérieurs, mais les événemens de 1814 et 1815 ont fait interrompre les plans arrêtés. On s'est empressé alors de jeter un comble qui forme demi-étage et grenier en même tems ; les divisions sont les mêmes qu'au rez-de-chaussée. Les dimensions, suivant moi, sont de quatre-vingts pieds de largeur et de douze cents pieds, ou de

deux cents toises, de longueur, hors œuvre. On connaît la situation locale de cet établissement sur les bords de la Seine, son
exposition au sud, la plus belle et la plus heureuse sous le rapport
de la salubrité. On sait que plusieurs terrains spacieux restent dis-
ponibles aux proximités, que plusieurs voies sont ouvertes par
des rues nouvelles bien situées, le boulevart Bourdon et le quai
de l'Arsenal; enfin, on peut dire qu'il ne manque qu'une seule
chose pour l'exécution de ce grand et beau projet : c'est la volonté
de faire une chose juste, utile et sage.

Ce serait ici le moment de reproduire à l'attention du lecteur
le tableau des prodigieux travaux qu'un semblable édifice a exigés,
depuis le premier jour où ses fondations ont commencé jusqu'à
l'achévememt où nous le voyons. Nous laissons à l'impartialité des
hommes appelés à prononcer sur cette question les réflexions à
faire sur la création d'un pareil monument pour l'Entrepôt; et,
sans nous enquérir de la source où ils puiseront les capitaux nécessaires à l'exécution, nous leur demanderons à quelle époque
ils espèrent livrer au Commerce une œuvre aussi parfaite, des
voies aussi favorables, un bassin d'eau plus beau, plus propice,
des rives plus belles et plus heureusement situées que celles de
la Seine; nous leur demanderons s'il est un point de centre plus
géométriquement placé que celui qui reçoit à-la-fois : à l'ouest,
la route d'Orléans et de la Bretagne; au sud, la route de Bour-
gogne et celle de l'Italie; à l'est, celle de l'Alsace et de l'Allemagne;
au nord, celle de la Flandre et celle de l'Angleterre; nous demanderons si, depuis la gare circulaire du canal de Saint-Denis, celle de
la Villette jusqu'au bassin de l'Arsenal, ils pourraient créer un
cours d'eau plus beau, plus utile, plus heureusement situé, plus
magnifiquement établi (1)? Enfin nous leur demanderons si les
terrains et les localités proposés, les canaux et les Dooks,
les chemins en fer, les caves et les bâtimens projetés, et

---

(1) *Voyez* la carte de topographie du cours d'eaux du canal de Saint-Martin.

qui ne sont encore que sur le papier et dans l'imagination des hommes intéressés à toutes ces spéculations, pourront jamais valoir les deux plus beaux monumens d'utilité publique de la capitale, que nous possédons actuellement et en réalité ?

Quelle que soit la dédaigneuse insouciance que les hommes du jour portent à ces beaux établissemens, parce qu'ils ne sont pas situés à la Chaussée-d'Antin, nous résumons nos idées en présentant en dernière analyse le projet que voici :

L'Entrepôt général du Commerce sera établi en deux sections : la première dans *les magasins de la Réserve, à l'Arsenal;* la seconde dans *les magasins à construire sur la place des Marais.*

La première section, à la Réserve, contiendra quatre divisions.

1re Division : Les denrées coloniales et les substances alimentaires.

2me Division : Les alkalis, et les substances salines.

3me Division : Les métaux, les sulfures et les oxides métalliques.

4me Division : Les substances exotiques et indigènes de drogueries *.

La seconde section, à la place des Marais, contiendra quatre divisions.

1re Division : Les substances textiles ; les laines, les cotons, les soies, les chanvres, les lins, etc.

2me Division : Les matières combustibles ; les soufres, les résines, les suifs, les bois de teinture, d'ébénisterie, etc.

3me Division : Les substances et matières fétides ; les viandes et les poissons salés, fumés, etc. ; les produits de la grande-pêche, etc. ; les colles-fortes, etc.

4me Division : Dépôt général des produits du sol français pour les exportations d'outre-mer.

---

* *Voyez* le tableau de classification, 3me partie.

Les moyens à employer pour développer ce système consistent dans l'emménagement et les dispositions nouvelles à exécuter,

1° Aux magasins de la Réserve :

Voûte souterraine de communication entre le bief de la garre de l'Arsenal et les magasins..........	300,000	
Clôture et dispositions pour la Douane..........	100,000	
Dispositions générales pour l'Administration......	100,000	700,000 fr.
Terrassemens, acqueduc, fontaine, mesures de sûreté publique.......................	100,000	
Fausses estimations, dépenses imprévues.........	100,000	

2° A la place des Marais :

Deux grands magasins à 250,000 fr. chaque.....	500,000	
Deux magasins moindres à 200,000 fr.	400,000	
Clôture et dispositions pour la Douane..........	100,000	1,300,000
Dispositions générales pour l'Administration......	100,000	
Acqueduc, fontaine, mesures de sûreté publique..	100,000	
Fausses estimations, dépenses imprévues.........	100,000	

Total.......... 2,000,000

Il est sans doute nécessaire d'observer ici que nous ne donnons dans ce devis que des dépenses indispensables et calculées sur une échelle relative aux besoins présumés de l'établissement; car on conçoit que, s'il fallait ceindre entièrement la place de murs d'une forte construction et donner aux magasins des dimensions plus étendues, les sommes que nous indiquons ne pourraient plus suffire. Mais notre idée principale a été d'apporter une extrême économie dans ces premières approximations, que l'on ne doit considérer que comme des tentatives que le tems et l'expérience permettront d'apprécier.

Au surplus, pour satisfaire à toutes les probabilités de succès de l'entreprise, nous allons présenter un devis établi d'après la supposition des chances les plus heureuses, mais qui ne pourra être exécuté qu'en trois années de travail.

Formation d'un mur de clôture sur pilotis, constructions isolées
avec chaînes en pierres dures, etc. .... 1,000,000 fr.
Fondations et caves sur pilotis, terrassemens, contre-murs pour
garantir des inondations souterraines des eaux du canal.... 2,000,000
Deux magasins avec rez-de-chaussée et premier étage, etc... 2,000,000
Deux magasins avec rez-de-chaussée, sans premier étage.... 1,000,000
Pavillon de la Douane................................ 200,000
- Pavillon de l'Entrepôt 200,000
Façade de la place, avec une grille en fer................ 300,000
Acqueduc souterrain pour tout l'établissement 300,000
Fontaine au centre de la place........................ 150,000
                                                          —————
                                                          7,000,000
Fausses estimations, dépenses imprévues et acquisitions de
terrains.. 850,000
                                                          —————
                         TOTAL...... 8,000,000

Quel que soit le sort attaché à l'entreprise qui nous occupe, il
convient maintenant de connaître les voies et les moyens de transport qui peuvent être employés pour opérer le mouvement des
marchandises destinées à l'Entrepôt de Paris. Depuis un tems im-
mémorial la Seine inférieure a servi pour conduire à Paris tous
les produits du Commerce; et sans doute la navigation importante
qui s'en est faite n'a pas été toujours sans reproche. Mais comme
alors il n'existait aucune concurrence, il a fallu que le Commerce
souffrît les inconvéniens attachés aux phénomènes du sol, de la
température, ainsi qu'à la mauvaise administration des entre-
preneurs. Il est donc inutile de rappeler en détail les intempéries,
l'abaissement des eaux, les débordemens, le tems des glaces ou
de la sécheresse, parce qu'enfin on n'ignore pas que, dans nos
contrées, les rivières se dessèchent en été et qu'elles se couvrent
de glaces en hiver. Nous disons ceci pour répondre aux plaisan-
teries et aux sarcasmes répandus dans le mémoire de MM. les
Mariniers de la Seine maritime, qui déversent à pleine main le
ridicule sur la conception et l'entreprise des canaux de Saint-Denis
et de Saint-Martin, en les indiquant comme bons à servir aux
patineurs en hiver, et à donner de l'eau pour arroser les rues de

Paris pendant l'été. Ce n'est point ainsi que, dans des questions d'une aussi grave importance, et lorsqu'il s'agit du succès ou de l'anéantissement d'une entreprise qui a dû absorber cinquante millions, qui laisse mille propriétés en non valeur, qui a bouleversé toutes les affaires et jusqu'aux existences sociales dans ces quartiers; ce n'est point ainsi, dis-je, que l'on réfute les opinions de ses adversaires. Ce sont de bonnes raisons, des faits positifs qu'il faut avancer, et alors la vérité et la justice peuvent triompher. Les Mariniers de la Seine ne feront jamais croire que leur navigation est parfaite, et qu'ils commandent aux élémens. Si les eaux du canal se gèlent en hiver, il en est à peu près de même des eaux de la Seine; tandis qu'en été le canal surabonde de ses eaux, souvent sur la Seine les bateaux sont en allége ou à la remorque. Qui donc dans notre Commerce ignore que les bateaux rouennais mettent un mois pour descendre à Rouen, et deux mois pour remonter la Seine jusqu'à Paris? Si nous voulions aussi à notre tour user du style dépréciateur dont ils se servent vis-à-vis de leurs concurrens, nous dirions à MM. les Mariniers de la Seine inférieure qu'ils sont, dans cette circonstance, comme le chat de la fable, qu'ils tirent les marrons du feu pour les laisser manger AUX COMPAGNIES INFLUENTES de la capitale, dont ils parlent si savamment. En effet, pourquoi les Mariniers viennent-ils avec tant de jactance prôner les chemins en fer des Compagnies influentes, au détriment de la Compagnie des canaux de Paris? Mais examinons les faits; il est tems que chacun exprime sa pensée : on verra de quel côté sont les compères.

Il existe deux grands moyens de transport pour alimenter le Commerce de la ville de Paris, la navigation fluviale, celle de la Seine, et la navigation des canaux, celle du canal de Saint-Martin. La première est alimentée par des bateaux dont la dimension, fixée par des réglemens administratifs, est de 27 pieds et de 31 pieds de largeur; tandis que, dans le système de navigation des canaux, elle est fixée également par l'autorité à 24 pieds seulement. Il n'est pas de rébus et d'hyperboles que MM. les Mariniers ne se permettent sur cette différence de proportion; c'est à peine s'ils voudraient accorder que les canaux de Saint-Denis et de Saint-Martin portassent quelques sabotières de l'Oise, quelques barguettes de l'Yonne, ou quelques flûtes de la Marne. Ainsi les grands bateaux de Rouen ont fait le transport des marchandises sur la Seine jusqu'au port Saint-Nicolas et autres, sans rivalité, jusqu'à ce que le canal de Saint-Denis fût établi pour le même objet, et vînt ensuite, au moyen des écluses, faire aborder les bateaux de moindre dimension dans l'immense et beau bassin de la Villette, qui devrait être le véritable port de mer de la capitale. Mais alors il a fallu que la marine du Hâvre et celle de Rouen construisissent des bateaux de dimensions différentes; et en effet les transports maritimes de ces deux villes se font aujourd'hui concuremment avec des bateaux de 24 pieds de dimension. Suivant le mémoire de MM. les Mariniers, il est parti de Rouen en 1831, en chargemens de toutes espèces, cent quarante mille tonneaux en destination pour Paris, dont quarante mille, en destination pour la Rapée et Bercy, ont été dirigés par les canaux de Saint-Denis et de Saint-Martin. D'où il suit que la marine des grands bateaux a conservé une supériorité d'avantages.

Dans ces entrefaites, une troisième concurrence s'est élevée en opérant les transports moitié par eau et moitié par terre. Un riche propriétaire ou une compagnie a entrepris l'ouverture d'une gare immense près du village de Saint-Ouen, destinée à recevoir les bateaux de toute dimension qui arriveraient de la Seine inférieure, et qui, pour des causes d'économie, de sûreté ou de convenance, ne voudraient pas remonter les détours multipliés de la Seine jusqu'à Paris. Alors on opère le déchargement des marchandises sur les ports de la gare, où des voitures reprennent le chargement, pour en faire le transport sur Paris.

Ainsi, tandis que les bateaux de toutes les dimensions sont reçus dans la gare de Saint-Ouen, que les marchandises sont transbordées et dirigées par terre, le canal de Saint-Denis, la gare de la Villette, et le canal de Saint-Martin, qui ne peuvent recevoir que des bateaux d'une moindre dimension, ne sont alimentés que par des destinations partielles et chôment sur tous leurs bords.

Des Compagnies influentes, suivant l'expression du mémoire des Mariniers, proposent maintenant de construire l'Entrepôt général du Commerce de la ville de Paris de manière à élever la grande marine de Saint-Ouen au comble de la prospérité, et à détruire entièrement la petite marine des canaux de Saint-Denis et de Saint-Martin. Voici comment : l'immense gare de Saint-Ouen, ouverte à tous les genres de navigation, ne peut être étendue au-delà du port qui en fait la circonscription, parce que l'autorité publique, propriétaire du domaine des canaux de Saint-Denis et de Saint-Martin, ne peut établir une autre concession en concurrence avec celle qu'elle a déjà cédée. De plus, il faut une loi spéciale pour autoriser l'ouverture d'un second canal. Mais alors les marchandises reçues à Saint-Ouen pourraient être transbordées ; et, au moyen d'un chemin de fer établi au sortir de la gare de Saint-Ouen, on les dirigerait sur le parc de Tivoli, où là une autre Compagnie propose d'établir, à ses risques et périls, l'édifice et les dépendances de l'Entrepôt général, suivant des conditions !!! Ainsi la grande marine arriverait de Rouen et du Hâvre à la gare de Saint-Ouen ; de là le chemin en fer conduirait à Tivoli, et là enfin serait établi l'Entrepôt général. D'un autre côté, le canal et la gare de Saint-Denis seront délaissés ; la gare de la Villette sera abandonnée au cabotage des environs de Paris ; enfin le canal de Saint-Martin servira aux patineurs pendant l'hiver, et les eaux serviront à arroser les rues de Paris pendant les chaleurs de la canicule. Voilà la grande conception du jour ; voilà le subterfuge : on ne peut construire un canal, mais on peut construire un chemin en fer. Suivant MM. les Mariniers, malhabiles protecteurs de l'entreprise de Saint-Ouen, *on doit chercher à le rendre parfait (l'Entrepôt général) par les procédés les plus perfectionnés d'un siècle de progrès. Sous ce rapport, les chemins en fer nous semblent dignes d'attention.* Hélas ! par quel renversement d'idées faut-il entendre les Mariniers de

Rouen demander que l'on construise un chemin en fer pour le Commerce de Paris ?

Suivant nous, il semble que MM. les Mariniers de la Seine inférieure pourraient continuer leur grande marine par la grande navigation de la Seine jusqu'au port Saint-Nicolas et autres dans Paris, et continuer également la marine de moindre dimension par les canaux de Saint-Denis et de Saint-Martin, ainsi qu'ils l'opèrent dans ce moment même.

Mais n'abandonnons pas encore les intérêts si nombreux et si importans de l'entreprise des canaux de Paris.

Faut-il rappeler ces jours fériés pendant lesquels les premiers Magistrats du département de la Seine sont venus, aux premiers jours du règne d'un Monarque qui ne vit plus que pour l'histoire, ouvrir les digues mobiles des bassins du canal de Saint-Martin, et descendre pompeusement sur les eaux calmes et tranquilles de l'Ourcq ! Faut-il croire que ces jours où les fanfares retentissaient dans l'air étaient les jours de l'apogée de sa prospérité ! Depuis lors, que sont devenues les paroles royales, les paroles vaines et dorées des Magistrats ? Elles se sont perdues dans le tems comme les sons fugitifs de la musique se sont évanouis dans les airs ! Il ne reste plus aujourd'hui que la réalité, c'est-à-dire, que le mécompte, les sacrifices et les pertes éprouvées par les trop zélés citoyens qui ont sacrifié leur fortune et celles de leurs amis à cette funeste entreprise. Où sont donc ces succès tant promis ? où est donc cette prospérité tant attendue et garantie du nom royal ? Dans ces jours-là tout était bonheur et réussite, le Commerce et l'Industrie de la ville de Paris allaient s'accroître en tous sens, et bientôt le fortuné canal devait à son tour porter l'or dans ses eaux comme autrefois le Pactole. Tout est changé ; les paroles royales sont oubliées, les paroles magistrales sont sans effet ; l'enchantement de la nouveauté, l'illusion de la fortune, tout a disparu. Disons plus encore : à peine voudrait-on croire que l'eau baigne les parois des bassins ; à peine la jalouse concurrence voudrait-elle permettre à une légère barque de traverser une écluse ! Ainsi bientôt il faudra s'attendre à voir cette belle création réduite à porter ses eaux cachées dans des aqueducs souterrains ; trop heureuses de rendre à l'immense population de la capitale quelques services domestiques. Ah ! Napoléon , voilà donc la destinée du plus beau , du plus magnifique monument de l'époque moderne, que créa ton génie !

Aujourd'hui on remet tout en question : le bel édifice de la Réserve ne peut servir à rien d'utile ; la belle entreprise des canaux de Paris est une *conception rapetissée ; ce sont des rigoles qui ne pourraient porter que des écales de noix* : si on l'osait , peut-être dirait-on que la colonne Napoléonienne n'est bonne qu'à battre de la monnaie de cuivre et le palais de la Bourse à faire un théâtre ou un hôpital !

Monarque de Juillet , Magistrats d'aujourd'hui , vous vous rappelerez, sans doute , les paroles et les promesses du Monarque et des Magistrats qui , naguères, ont tant promis à la ville de Paris ! Ce souvenir n'est pas perdu ; il faut au moins l'espérer ! ! !

TROISIÈME PARTIE.

Système nouveau de classification des substances et denrées dans les établissemens de l'Entrepôt général , avec la désignation des localités qui leur sont propres.

Le Gouvernement , en donnant à la ville de Paris la faculté d'établir un Entrepôt général de *marchandises non prohibées ,* soit pour dépôt réel, soit pour objet de transit en franchise de Douane, a entendu accorder ce privilége comme mesure d'utilité publique et générale, non-seulement dans l'intérêt de la capitale, mais encore comme une cause de prospérité commune aux autres parties de la France. Il a voulu que Paris, qui réunit toutes les grandes entreprises à de nombreuses richesses, qui est le lieu de résidence du chef de l'État, devînt un centre de ressources pendant la guerre et dans les crises politiques, en même tems qu'il pourrait offrir, pendant la paix, une accumulation de produits propres à de grandes opérations commerciales et à une grande consommation. En effet, la ville de Paris et les départemens qui l'environnent ne consomment-ils pas les plus nombreux produits du Commerce maritime, ainsi que ceux de la France agricole et industrielle? Depuis les extrémités les plus excentriques de l'empire jusqu'aux barrières de la capitale, tout ce qui est VALEUR ne vient-il pas trouver dans ce foyer d'existence une direction nouvelle, un emploi certain ou une consommation assurée?

Mais comment ces avantages pourraient-ils profiter au Commerce et à l'Industrie, si l'Entrepôt général ne reçoit que les denrées coloniales et étrangères non prohibées, et si l'Administration ne peut accorder en même tems au COMMERCE FRANÇAIS le droit facultatif de consignation sur les marchandises et produits indigènes de l'Agriculture et de l'Industrie françaises? Ce serait, suivant nous, une erreur étrange de croire que la loi a accordé le droit d'entrepôt et celui de transit uniquement pour établir un dépôt de denrées coloniales jusqu'au moment de la consommation, sans qu'il puisse en résulter d'autres avantages. Ainsi le Commerce français verrait arriver des provenances étrangères les sucres, les cafés, les indigos, les cotons, qui seraient reçus en lieux sûrs et en franchise de Douane dans les Entrepôts publics, tandis que l'Agriculture et l'Industrie françaises verraient les laines, les huiles, les miels, les sels, les métaux, les tabacs, les chanvres, la soie, les bois et les charbons, les papiers et tous les objets d'industrie, frappés d'un droit d'octroi aux portes de Paris, et exclus des faveurs accordées aux produits étrangers! Cependant on peut croire que des bénéfices considérables, toujours relatifs à l'importance des relations commerciales de la place, résulteront du privilége d'Entrepôt, qui peut donner au Commerce de Paris la faculté d'embrasser les opérations de la plus vaste étendue. Mais quelles causes de prospérité nouvelle et constante ne présenterait pas un SYSTÈME DE CONSIGNATION LÉGALE, *établi simultanément avec l'Entrepôt réel, sous la surveillance de la Douane et celle de l'Administration de l'octroi municipal de Paris!* Ici s'offrirait donc aux spéculations commerciales une source de transactions nombreuses et assurées : *celles des consignations à l'Entrepôt général du Commerce de Paris.*

Mais l'art. 2, en accordant la faculté de recevoir en Entrepôt *toutes les marchandises non prohibées admissibles au transit,* accorde-t-il le droit d'établir la consignation sur marchandises? Le silence de la loi dans tous ses articles est absolu sur cet important objet; ainsi il est naturel de l'interpréter favorablement pour le Commerce, et de croire que l'Entrepôt de Paris pourrait être reconnu ENTREPÔT RÉEL ET FACULTATIF DE TRANSIT ET DE CONSIGNATION. Et pourquoi lui refuserait-on cette faculté? Le Gouvernement même n'établit-il pas dans son Administration des DÉPÔTS ET CONSIGNATIONS pour la finance? la Banque de France ne reçoit-elle pas des dépôts et consignations de lingots d'or et d'argent, des diamans même? Pourquoi le Commerce ne pourrait-il l'obtenir pour ses marchandises? Sans doute l'Administration municipale se prononcera pour l'affirmative dans cette importante question; car, suivant nous, c'est sur sa solution que reposent à-la-fois l'approximation des revenus, l'étendue des limites, la fixation des localités, et peut-être le succès de l'entreprise elle-même. Si l'Entrepôt est destiné, suivant l'art. 10 de la même loi, à servir de magasin aux marchandises propres à la consommation et au transit, on formera un établissement attaqué dès-lors par la concurrence des villes maritimes, qui s'efforceront de traiter directement avec le Commerce; de même qu'un grand nombre de capitalistes continueront l'Entrepôt dans leurs magasins et pour leur propre compte. Si au contraire l'Entrepôt de Paris est apte à permettre la consignation des marchandises et produits indigènes de toute la France, en même tems que l'Entrepôt et le transit des

denrées coloniales et étrangères non prohibées, il peut en résulter des opérations d'une importance immense, qui offriraient
des secours précieux pour le Commerce, pour l'Agriculture, pour
l'Industrie, et pour les consommateurs de toutes les classes.

Cette pensée, nous le concevons, est grande et sérieuse; nous
avouons même qu'elle attire à elle des conséquences qui froisse-
ront beaucoup d'intérêts particuliers; mais aussi elle est nationale
et philantropique. Elle ferait sortir, dans beaucoup de circonstances, des capitaux inertes perdus pour l'industrie; les embarras
pécuniaires seraient moins fréquens et moins sensibles pour un
grand nombre d'agriculteurs, de manufacturiers, de négocians
même, qui, souvent sont pressés par des engagemens sérieux dont
les résultats touchent essentiellement leur honneur et leur
existence commerciales. De plus, il n'existe à Paris aucun lieu
de consignations légales; celles qui s'y opèrent ne devant se faire
que d'une ville sur une autre ville, il en résulte des abus toujours
au détriment du producteur.

Enfin, si nous adoptons ce système d'opération, ce n'est plus
dix-huit articles de marchandises qui seront à entreposer, mais
une mine précieuse de substances toutes nécessaires aux opérations de vente, d'achat, de courtage et de finance. Ainsi, le tarif
de la Douane et des Entrepôts offre trois cent ving articles de
genres, onze cents articles d'espèces, onze cents articles de va-
riétés. C'est donc avec l'espoir fondé de former son tarif du choix
nombreux à faire parmi deux mille cinq cents articles que l'Entrepôt de Paris pourrait ouvrir ses relations avec le Commerce de
la capitale et de la France.

Nous pourrions donner plus d'étendue à ces considérations sur
les opérations facultatives de l'Entrepôt et DE LA CONSIGNATION DES
MARCHANDISES FRANÇAISES; car dans ces intérêts il s'agit de nous,
de notre existence commerciale, des produits de notre sol, de
notre patrie, et alors le penser est fécond, et les idées sont vives:
mais la nature de cet ouvrage ne nous permet pas une plus longue
digression.

6

Nous avons déjà examiné la question de propriété des terrains convenables à la formation de l'Entrepôt; nous avons reconnu que non-seulement l'Administration doit choisir, parmi les propriétés communales, celles convenables à l'Établissement, mais encore qu'elle devait circonscrire les limites de l'étendue et celles des constructions, pour ne pas s'obérer par la sortie de capitaux trop considérables. Dans ce but, nous avons désigné le plus bel édifice d'utilité publique qui existe à Paris, et en comparant les dépenses d'établissement aux magasins de la Réserve avec celles nécessaires à la Place des Marais, nous avons trouvé une première économie de près de QUATRE MILLIONS. Nous avons vu également que la formation de l'Entrepôt à la Réserve ne peut être retardée que par quelques formalités administratives, et que, d'ici au 1er janvier 1833, c'est-à-dire, dans SOIXANTE-DIX JOURS, l'Établissement peut entrer en activité.

Nous avons reconnu que les droits acquis à la ville de Paris ne pouvant être estimés aujourd'hui, puisque les opérations de l'Entrepôt ne sont pas déterminées, non plus que le nombre et l'importance des substances à entreposer, elle ne pouvait faire la cession de son privilége sans léser les intérêts municipaux. D'ailleurs il ne peut convenir à l'Administration de traiter A FORFAIT DE L'ENTREPÔT GÉNÉRAL DU COMMERCE DE LA VILLE DE PARIS, comme elle traite de l'Administration honteuse des jeux, ou de celles de la vidange, ou des boues de la commune. Le Commerce mérite plus de considération; il ne faut pas s'engager dans cette affaire comme pour se débarrasser d'une charge importune. Je le demande ? le gouvernement du Roi traiterait-il à forfait avec des compagnies du produit de la Ferme des Tabacs ou de l'Administration des Postes ? La situation de l'Autorité municipale est la même : elle ne peut priver le Commerce de Paris de la possession d'un Établissement *qui soit le sien*, et non pas celui des soumissionnaires, dont la gestion peut devenir, entre leurs mains, onéreuse, pénible ou vexatoire pour tous les consommateurs et les négocians.

Enfin, nous avons observé dans les premiers paragraphes de ce chapitre que, tandis que l'Administration formera le matériel de l'Entrepôt destiné aux substances exotiques et étrangères, elle devra étudier un système de consignation pour les marchandises et les produits du sol français, afin d'augmenter, par cette importante opération, les bénéfices peut-être long-tems incertains de l'Entrepôt général. Ces bénéfices, une Administration sage et prévoyante peut les augmenter pour ainsi dire à son gré. Supposons un moment que l'Entrepôt soit situé à l'Arsenal : le premier avantage sera de gagner trois cent cinquante mille francs de l'intérêt des capitaux du fond des constructions de l'édifice ; supposons encore que le droit de consignation soit accordé à l'Entrepôt, le revenu sera au moins de la même somme ; enfin, numérons les revenus du droit fixe de l'établissement à deux cent mille francs ; voilà donc, tant en économies qu'en bénéfices, une somme de *neuf cent mille* francs, avec laquelle l'Administration peut faire mouvoir son établissement. Ainsi la ville, avec moins de deux millions de dépenses à l'Arsenal et à la Place des Marais, se fera un revenu annuel de plus de deux cent mille francs. Et encore, si la consignation est établie pour les marchandises françaises, exotiques et étrangères, elle doublera bien certainement l'estimation que nous en présentons ici.

Mais posons ces calculs pour en faire ressortir la justesse.

Dépenses d'Établissement à l'Arsenal...................... 700,000 fr.
à la Place des Marais...................... 1,300,000

TOTAL............ 2,000,000

Sommes à percevoir annuellement :
Droits fixes de l'Entrepôt............................ 200,000 }
Droits de consignation............................ 350,000 } 550,000 fr.

Sommes à payer annuellement :
Intérêts de deux millions............................ 100,000 }
Administration de la Douane............................ 120,000 } 320,000
Administration de l'Entrepôt............................ 100,000 }

Différence ou bénéfice apparent pour la caisse municipale..... 230,000

Il nous reste maintenant à connaître les produits à entreposer.

Pour parvenir à ce but, nous avons établi dans un tableau général la classification méthodique des diverses substances exotiques, étrangères et françaises, d'après leurs caractères, leur nombre, leur importance commerciale. Nous nous sommes appliqués en même tems à désigner les deux localités déjà indiquées comme les plus convenables à-la-fois aux diverses marchandises, au Commerce et à la consommation de chaque quartier. Ainsi, dans la première section, située à l'Arsenal, nous avons porté les denrées coloniales et alimentaires, les huiles, les savons, les alkalis, les sels, etc. ; dont le commerce se fait de la manière la plus étendue dans les quartiers de la Verrerie, de Saint-Merry et de Saint-Martin. Les indigos, les cochenilles, les substances de drogueries, de teintures, de tableterie, de pelleterie, et autres produits dont l'immense détail s'opère depuis des siècles dans les quartiers des Lombards, des Arcis, de Sainte-Avoie et de Sainte-Opportune.

Partant toujours de notre point de centre, nous trouvons, dans la direction opposée, le faubourg Saint-Antoine, qui, à lui seul, dans sa prodigieuse industrie, peut consommer près d'un cinquième des produits de l'Entrepôt, comme les métaux de tous genres pour les arts et les armes; les sels et les oxides métalliques pour les nombreuses fabriques de porcelaine, de poterie, de papiers peints, de toiles cirées, etc.; les sucres pour alimenter les plus belles raffineries; les bois des Iles, dont la totalité est débitée et travaillée chaque jour par dix mille ouvriers; enfin, les savons, les alkalis, les chlorures, qui fournissent les nombreuses blanchisseries de la Rapée, de le Grand'Pinte, de Bercy, de Charenton, etc.

L'Arsénal est encore le point de centre vers lequel le faubourg Saint-Marceau et les quartiers du douzième arrondissement dirigeraient leurs nombreuses acquisitions, pour alimenter les fabriques de bleu de Prusse, les mégisseries, la hongroierie, les imprimeries, les teintures de tous genres, etc., etc.

Comme au faubourg Saint-Antoine, une population considérable et malheureuse, sans cesse aux prises avec tous les besoins de la vie, manque d'ouvrage. De quel secours ne serait pas l'Entrepôt pour tous ces pauvres habitans et les hommes de peine des bords de la Seine!

La deuxième section, située à la place des Marais, ne doit plus, suivant nous, contenir que les substances et les produits peu nombreux en genres, mais considérables et dangereux par leur volume, leur pesanteur, leur inflammabilité, leur fétidité. Tels sont les laines et cotons, dont le commerce s'opère à peu de distance dans les quartiers Poissonnière; les soies, les chanvres et les lins; qui se vendent particulièrement dans les rues adjacentes au quartier Saint-Denis; les matières inflammables, comme les soufres, les suifs, les résines, les bois de teinture, qui se vendent également dans les anciens quartiers des Lombards. Enfin, nous y avons réuni les denrées et matières à odeurs fortes, telles que les viandes et poissons salés, les peaux en vert et toutes autres, les produits de la grande-pêche, les colles-fortes, etc.; toutes substances dont l'immense commerce s'opère dans les quartiers mal assainis et mal disposés des halles et marchés.

Par ce système nouveau et méthodique de classification, qui est en rapport parfait avec les vues et les dispositions d'une police sage et prévoyante de sûreté et de salubrité publique, nous sommes parvenus à résoudre la question des localités et celle des constructions, à réduire les dépenses présumées, et peut-être même à assurer le succès de l'entreprise. Enfin, en proposant ainsi deux localités, et en divisant les marchandises d'après leur nature et le genre de commerce de chaque quartier, nous espérons pouvoir éteindre quelques rivalités, satisfaire quelques prétentions, et, en conciliant ces intérêts, répondre aux besoins réels et pressans du plus grand nombre de personnes intéressées.

TABLEAU

ET

CLASSIFICATION MÉTHODIQUE

DES

PRINCIPALES SUBSTANCES ET MATIÈRES

DE L'ENTREPÔT GÉNÉRAL DU COMMERCE DE LA VILLE DE PARIS,

AVEC LA DÉSIGNATION DES LOCALITÉS QUI LEUR SONT PROPRES.

PREMIÈRE SECTION.

MAGASINS DES GRENIERS DE LA RÉSERVE, BOULEVART BOURDON.

PREMIÈRE DIVISION.

Substances alimentaires.

1re CLASSE : Denrées coloniales ; les sucres, les cassonades, etc.

2me CLASSE : Denrées coloniales ; les cafés, les cacaos, etc.

3me CLASSE : Substances farineuses ; graines oléagineuses, etc.

4me CLASSE : Huiles nutritives ; huiles combustibles, etc.

5me CLASSE : Substances butireuses, caséenses, etc.

PREMIÈRE CLASSE : Denrées coloniales.

1er Genre : les sucres, les cassonades de toutes sortes, etc.

2me Genre : les mélasses, les sirops de sucre, de betterave, de raisin, etc.

3me Genre : les miels, les cires, etc.

DEUXIÈME CLASSE : Denrées coloniales.

1 Genre : les cafés, les cacaos, de toutes sortes, etc.

TROISIÈME CLASSE : Substances farineuses, etc.

1er Genre : les riz de l'Inde, de l'Italie, du Piémont, etc.

2me Genre : les fécules sèches et en vert, etc.

3me Genre : les graines végétatives, forestales, de prairies, etc.

4me Genre : les graines oléagineuses, de chenevis, de lin, de colza, etc.

QUATRIÈME CLASSE : Huiles.

1re Genre : les huiles nutritives, d'olive, de faine, de noix, etc.

2me Genre : les huiles combustibles, de colza, etc., les tourteaux.

3me Genre : les huiles grasses, de peinture, de lin, *dito*, etc.

CINQUIÈME CLASSE : Substances caséeuses.

1er Genre : les substances caséeuses; les fromages de Gruyère, de Hollande, etc.

2me Genre : les substances butireuses; les beurres fondus et salés, etc.

Nota. Les huiles essentielles de térébenthine liquides, etc., ou résines indigènes épurées ou distillées, substances éminemment inflammables, ne devront point entrer en entrepôt.

Les cassonades, les huiles, les mélasses, les fromages, etc., seront logés dans les immenses caves de l'édifice.

DEUXIÈME DIVISION.

Les Alkalis et les Substances salines.

1re CLASSE : Alkalis et savons.

2me CLASSE : Sels alkalins et salpêtres.

3me CLASSE : Sels alkalins, terreux et métalliques.

PREMIÈRE CLASSE : Alkalis et Savons.

1er Genre : les alkalis, les potasses, les soudes, etc.

2me Genre : les savons blancs, bleus, verts, etc.

DEUXIÈME CLASSE : les Sels alkalins.

1er Genre : les salpêtres, les sels de soude, les chlorures, etc.

2me Genre : le borax; les sels d'Epsom, d'ammoniaque, etc.

TROISIÈME CLASSE : les Sels alkalins, terreux et métalliques.

1er Genre : les acides concret, borique, arsénieux, antimonieux, etc.

2me Genre : les sels alkalins et terreux, formés

    par les acides minéraux, }

    par les acides végétaux, } très-nombreux.

    par les acides animaux, }

3me Genre : les sels métalliques formés

    par les acides minéraux, }

    par les acides végétaux, } très-nombreux.

    par les acides animaux, }

Nota. L'Entrepôt n'admettra aucun acide liquide.

TROISIÈME DIVISION.

Les Métaux, les Sulfures, les Oxides métalliques.

1re CLASSE : Métaux.
2me CLASSE : Soufre et sulfures.
3me CLASSE : Oxides métalliqnes.

PREMIÈRE CLASSE : Métaux.

1er Genre : le platine en minerai.
      l'or en minerai.
      l'argent en minerai.
      les cendres tenant or et argent.
      le mercure en flacons et en poches.
      le cuivre en lingots, tenant or et argent.
      —   en rosettes, lingots, planches, plaques, etc.
      —   en laiton, etc.
      le fer en barres de toutes sortes, etc.
      — en feuilles ou tôles de toutes sortes, etc.
      — en feuilles étamées ou fer-blanc, etc.
      — ouvré en clous, ou clouteries de toutes sortes, etc.
      — fonte neuve de toutes sortes, etc.
      — acier de toutes sortes, etc.
      le plomb en saumons, etc.
      l'étain en saumons, etc.
      l'antimoine, ou régule, etc.
      le bismuth, etc.

Appendice aux Métaux.

Les métaux tirés en fils de toutes sortes.
La chaudronnerie neuve.
La fonte moulée neuve.
La quincaillerie grosse et menue.
La mitraille de cuivre, le dédoublage de cuivre, etc.
Le bronze, le canon, la cloche, brisés, etc., etc.

DEUXIÈME CLASSE : Soufre et Sulfures.

1er Genre : le soufre en canons, en masses, etc. (*V.* Matières inflammables.)
2me Genre : Sulfures
      de mercure, ou cinabre natif ou artificiel, vermillon.
      de cuivre du Mexique, 20 °/₀ de soufre, etc.

2me Genre : Sulfures

      de plomb, galène ou alquifoux, etc.

      de zing, blende ou calamine, etc.

      d'antimoine, natif ou artificiel, etc.

      d'arsenic, jaune ou orpiment, etc.

      d°   rouge ou réalgar, etc.

      de cobalt, ou cobalt gris, etc.

TROISIÈME CLASSE : Oxides métalliques.

1er Genre : Oxides

      de fer, de fer siliceux ou émeri, etc.

      — rouge ou colcotar, etc.

      de plomb, mélangé ou litharge, etc.

      —   rouge ou minium, etc.

      d'antimoine, sulf. d'ant., crocus métallorum, etc.

      d'arsenic, arsenic blanc, etc.

      de cobalt ou safre, etc.

      —   combiné, smalt ou azur.

      de manganèse noir, de France et d'Allemagne, etc.

Appendice des Terres.

Les ocres, les tripolis, les ponces, les terres, les talcs, etc.

QUATRIÈME DIVISION.

Substances exotiques et indigènes de Drogueries, d'Épiceries et de Teintures.

1re CLASSE : drogueries et épiceries simples.

2me CLASSE : substances tinctoriales, ou matières colorantes.

3me CLASSE : bois et substances de tableterie, pelleteries.

PREMIÈRE CLASSE : Substances végétales simples de Drogueries et d'Épiceries.

1er Genre : les racines de gingembre, d'ipécacuanha, etc.

2me Genre : les bois médicinaux d'aloès, de rose, etc.

      — les bois de teinture et d'ébénisterie. (*V.* Matières combustibles.)

3me Genre : les écorces médicinales de cannelle, de quinquina, etc.

      — les écorces de liége, tinctoriales. (*V.* Matières colorantes.)

4me Genre : les feuilles médicinales, de thé, etc.

      — les feuilles de teinture, de sumac, etc. (*V.* Matières colorantes.)

5me Genre : les fleurs de safranum, cannellier, etc.

(5o)

6me Genre : les fruits secs ; amandes , vanille , muscade , girofle , poivre , etc.
—   les fruits humides ; oranges, citrons ; les fruits desséchés, etc.
7me Genre : les fèves de cacao, de café , etc. (*V*. Denrées coloniales.)
8me Genre : les graines médicinales (très-nombreuses).
—   les graines oléagineuses et forestales, etc. (*V*. Subst. alimentaires.)
—   les graines tinctoriales. (*V*. Matières colorantes.)
9me Genre : les excroissances; les galles, les gallons, etc. (*V*. Matières colorantes.)
10me Genre : les mousses et les lichens. (*V*. Matières colorantes.)
11me Genre : les fécules, l'amidon, etc. (*V*. Subst. alimentaires.)
12me Genre : les pâtes tinctoriales d'indigo , etc. (*V*. Matières colorantes.)
13me Genre : les sucs d'aloès , de cachou, d'opium, de réglisse, etc.
14me Genre : les sucres de canne, de betterave, etc. (*V*. Denrées coloniales , etc.)
15me Genre : les gommes arabiques , Sénégal , de France, etc.
—   les gommes résines, ammoniaque, gomme-gutte, etc.
16me Genre : les résines, copal, élémi ; gaïac, les laques, etc.
—   les résines fluides, galipot, térébenthine, etc. (*V*. Mat. inflammab.)
17me Genre : les baumes de Tolu, de benjoin , etc.
18me Genre : les bitumes terreux, fluides , etc.
19me Genre : les huiles fixes, le camphre, etc.
—   les huiles essentielles (nombreuses).
20me Genre : les eaux odorantes, de fleurs d'oranger, de mélisse.
        les eaux minérales de France et étrangères.

Substances animales simples de Drogueries.

1er Genre : les cantharides.
2me Genre : les cochenilles, le kermès animal. (*V*. Matières colorantes.)
3me Genre : l'ambre gris, la civette, le castoreum, le musc , etc.
4me Genre : les miels, la cire. (*V*. Substances alimentaires.)
5me Genre : la colle de poisson, le blanc de baleine, etc.
—   les colles fortes, etc. (*V*. Substances fétides.)

DEUXIÈME CLASSE : Substances végétales colorantes.

1er Genre : les racines d'alizari, de garance, de curcuma, etc.
2me Genre : les bois de teinture, Fernambouc, Campêche, Sapon, etc.
        (Genres et variétés très-nombreux. (*V*. Matières combustibles.)
3me Genre : les écorces moulues de quercitron, de tan , etc.
4me Genre : les feuilles et fleurs de gaude, de sumac, de safran , etc.
5me Genre : les graines d'Avignon , d'Espagne, de Perse , etc.

6me Genre : les excroissances, les noix de Galles, les gallons, etc.
7me Genre : les lichens, l'orseille, le tournesol, etc.
8me Genre : les pâtes d'indigo, de pastel, de rocou, etc.

Substances animales colorantes.

Un Genre : les cochenilles, le kermès animal, etc.

TROISIÈME CLASSE : Substances de Tableterie ; Pelleteries.

Dépouilles d'Animaux.

1er Genre : cornes et bois d'animaux divers, etc.
2me Genre : ivoire ou défenses et dents d'animaux, etc.
3me Genre : écaille et onglons de tortues, etc.
4me Genre : corail, nacre de perle, etc., éponges, etc.
5me Genre : fourrures et pelleteries précieuses, etc.
6me Genre : plumes et duvets précieux, etc.

DEUXIÈME SECTION.

ENTREPOT DE LA PLACE DES MARAIS, AU GRAND BASSIN DU FAUB. DU TEMPLE.

Denrées et Matières diverses volumineuses, combustibles, inflammables, fétides, etc.

PREMIÈRE DIVISION.

Les Substances textiles végétales et animales, ligneuses, en bourre, filées, tissées, broyées et en pâte.

PREMIÈRE CLASSE : Magasins des Laines.

1er Genre : les laines cachemire, mérinos purs, etc.
2me Genre : les laines indigènes, de toutes sortes.
— en suint, lavées, filées, etc.

3me Genre : les chanvres de toutes sortes, etc., en cordages.

4me Genre : les crins, les poils, etc.

5me Genre : les bois et les écorces en tissus et cordages, etc.

DEUXIÈME CLASSE : Magasins des Cotons.

1er Genre : les cotons de toutes sortes.

    — en bourre, filés, etc.

2me Genre : les soies de toutes sortes, etc.

3me Genre : les lins de toutes sortes, etc.

4me Genre : les papiers de toutes sortes, etc.

    — cartons de toutes sortes, etc.

5me Genre : les parchemins de toutes sortes.

DEUXIÈME DIVISION.

Les Matières combustibles et inflammables.

PREMIÈRE CLASSE.

1er Genre : les soufres, les résines, les goudrons, etc.

2me Genre : les suifs, matières grasses, etc.

DEUXIÈME CLASSE.

1er Genre : les bois précieux exotiques de teinture, en bûches, hachés, pilés, etc.

2me Genre : les bois précieux exotiques d'ébénisterie, acajou, etc., en madriers de toutes sortes, etc.

    les bois de buis, de citron, d'ébène, de cèdre, etc.

3me Genre : les plantes fermentessibles, le houblon, la gaude, les tannins, etc.

4me Genre : les joncs et les roseaux, etc.

TROISIÈME DIVISION.

Les Substances animales sèches et salées, fumées, fétides, etc.

1er Genre : les poissons et les viandes salées et fumées, etc.

2me Genre : les produits de la grande pêche, fanons et huiles de baleine, etc.

3me Genre : les peaux sèches et salées de buffles, de bœufs, de vaches, etc.

4me Genre : les pelleteries communes de lièvre, de lapin, etc.

5me Genre : les matières fétides, les bourres d'animaux, les plumes, etc.

6me Genre : les colles-fortes, le noir animal, les os, les cornes, etc.

QUATRIÈME DIVISION.

Dépôt général des Produits du sol français pour les Exportations d'outre—mer.

1er Genre : boissellerie et tonnellerie pour la grande pêche, mérins, cerceaux, osier, etc., seaux, etc.
2me Genre : vannerie, paniers, mannes, ruches, etc.
3me Genre : poterie à sucre, de terre et de grès, cristaux, porcelaine, verrerie, etc.
4me Genre : chapellerie, etc., de tous genres, etc.
5me Genre : quincaillerie de tous genres, etc.

Nota. Les magasins de cette quatrième division serviront, dans les circonstances imprévues, pour la réparation des marchandises avariées, la surabondance de quelques produits, etc.

APPENDICE.

PREMIÈRE DIVISION.

PARC DES VOITURES. *

Situé au Marché au Fourrage, emplacement Saint-Laurent.

Écuries pour 100 chevaux.
Remises pour 30 voitures et camions.

DEUXIÈME DIVISION.

PARC DES VOITURES.

Terrain vague des Greniers de la Réserve.

Écuries pour 200 chevaux.
Remises pour 60 voitures et camions.

---

* *Voyez la planche* Topographie de la Gare.

RÉSUMÉ.

THÈSE GÉNÉRALE.

Tout établissement qui ne peut être formé avec la connaissance parfaite des bases de son institution, ne peut prendre un développement sérieux et assuré.

QUESTIONS PRÉJUDICIELLES.

Premièrement : l'Entrepôt général du Commerce de la ville de Paris ne devant être établi que pour le dépôt des denrées coloniales, pourra-t-il subvenir,

1° Aux dépenses de formation de l'établissement ;

2° A l'acquittement des intérêts des capitaux ;

3° Au prélèvement des frais de la Douane ;

4° Aux dépenses de l'Administration dudit établissement ?

Secondement : l'Administration municipale, pour augmenter les bénéfices de l'Entrepôt, peut-elle joindre aux opérations d'entrepôt et de transit des denrées coloniales le droit de consignation pour les marchandises exotiques, et celles indigènes au sol français ?

CONCLUSIONS.

1° La dépense présumée pour l'établissement de l'Entrepôt général du Commerce ne pouvant être évaluée à moins de six ou huit millions de francs, il ne convient pas à l'Autorité municipale de la ville de Paris, sous tel prétexte que ce soit, d'assumer sur elle une dette aussi considérable, pour un revenu aussi éventuel que celui que donnera l'Entrepôt des denrées coloniales, dont elle ne peut connaître l'importance qu'après une gestion.

2° L'Administration municipale ne peut faire la concession du droit d'Entrepôt, que lui accorde la loi du 27 février, parce qu'elle ne connaîtpas l'importance de ces droits, soit qu'ils résultent de l'Entrepôt des denrées coloniales et étrangères, soit qu'ils proviennent du droit de consignation sur les marchandises et les produits du sol français.

3° Les diverses localités et les projets de constructions présentés pour la formation de l'Entrepôt étant exagérés dans tout leur ensemble, il en résulte que l'Administration municipale sera obérée d'un capital dont les intérêts excéderont les revenus présumables de l'établissement ; en conséquence, si les droits imposés par l'Autorité sont en raison de la sortie des capitaux et des frais d'administration, ils deviendront exorbitans, pèseront sur la marchandise, en augmenteront la valeur vénale, et en empêcheront le débit.

4° La ville de Paris, qui peut disposer actuellement et sans délai des terrains et des localités des magasins de la Réserve des Subsistances, doit utiliser ce bel établissement :

Parce qu'il n'exige que sept cent mille francs de dépenses pour réparations ;

Parce que l'Autorité évite de contracter une dette de huit millions ;

Parce qu'elle peut livrer cet établissement au Commerce au 1er Janvier prochain 1833 ;

Parce que le Commerce ne pourra obtenir une autre localité qu'après deux ou trois années de travaux ;

Enfin, parce que cet établissement est aussi bien situé à la proximité des affaires que le sont le Gros-Caillou, le Parc de Tivoli, le désert de Saint-Lazare, ou toutes autres localités proposées.

5° L'administration municipale de la ville de Paris étant possesseur actuel de l'Entreprise des canaux de l'Ourcq, de Saint-Denis, de Saint-Martin, dont elle a fait la concession à des locataires, DOIT AIDE ET ASSISTANCE A SES CONCESSIONNAIRES. Ce serait donc à elle une injustice criante de protéger toute autre navigation, ou toute autre entreprise de même genre, en plaçant, de préférence, l'Entrepôt dans des localités bien moins favorables au Commerce que celles qu'offre l'étendue du canal de Saint-Martin.

6° Enfin, comme il est constant et avéré que plus de mille propriétés ont été dépecées et sacrifiées pour la formation et l'achèvement du canal ; qu'il a été promis par l'Autorité, au moins verbalement, que cette entreprise serait destinée à accroître la prospérité des nombreux quartiers qu'il traverse, et qu'au contraire les terrains, les établissemens, les constructions qui s'y trouvent sont aujourd'hui en non-valeur presque généralement sur tous les abords, les propriétaires sont fondés à demander, pour dédommagemens de leurs sacrifices et de leurs droits bien acquis, que l'Entrepôt soit situé sur les bords du canal de Saint-Martin.

Nota. Nous ne publierons pas la quatrième partie, que nous avons cependant annoncée et qui a rapport à l'incendie des magasins de l'Entrepôt. Le Gouvernement ayant si mal reconnu les soins et les peines que nous avons pris en publiant le Monument Triomphal de la place de la Bastille, pour les anniversaires des journées de juillet 1789 et 1830, dont il a si largement usé dans les projets qu'il a suivis, nous craindrions aujourd'hui qu'il n'en agît de même pour notre travail contre l'incendie des monumens publics.

Paris. — Imprimérie de Dondey Dupré, rue Saint-Louis, N° 46, au Marais.

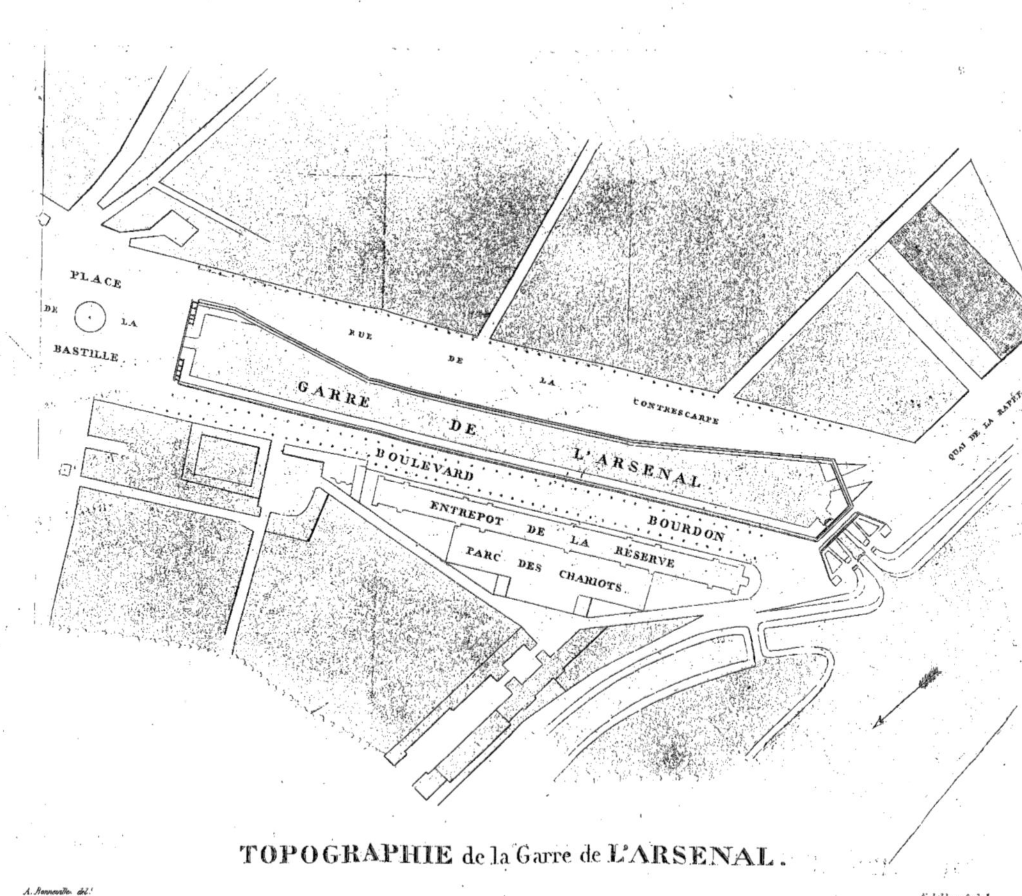

TOPOGRAPHIE de la Garre de L'ARSENAL.

A. Bonneville. del.t

F. Leblanc. Sculp.t

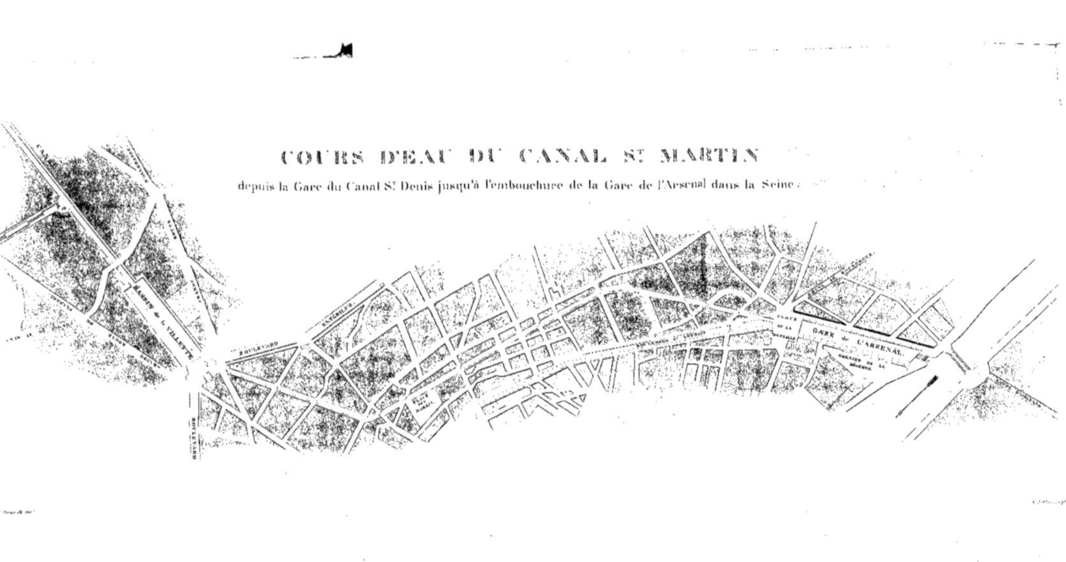

COURS D'EAU DU CANAL St MARTIN
depuis la Gare du Canal St Denis jusqu'à l'embouchure de la Gare de l'Arsenal dans la Seine
BASSIN DE L'VILLETTE
BOULEVARD
BOULEVARD
GARE DE L'ARSENAL

www.ingramcontent.com/pod-product-compliance
Ingram Content Group UK Ltd.
Pitfield, Milton Keynes, MK11 3LW, UK
UKHW022320120726
13694UKWH00004B/1481